DES

# FORCES DE RÉSERVE DE L'ORGANISME

ET DE LEUR VALEUR

## DANS LA LUTTE DE L'ÉCONOMIE

## CONTRE LES MALADIES

HAVRE, — IMPRIMERIE DU COMMERCE, 3, RUE DE LA BOURSE.

# DES
# FORCES DE RÉSERVE DE L'ORGANISME
ET DE LEUR VALEUR
# DANS LA LUTTE DE L'ÉCONOMIE
## CONTRE LES MALADIES

---

Discours prononcé à la séance solennelle du 3 janvier 1895 au 5e Congrès des médecins russes à la mémoire de PIROGOFF.

Par le Professeur **V. V. PODWYSSOSKI**

Traduit du russe par **S. Broïdo** et **P. Eliacheff.**

PARIS

G. MASSON, ÉDITEUR

LIBRAIRE DE L'ACADÉMIE DE MÉDECINE

120, BOULEVARD SAINT-GERMAIN

1895

DES

# FORCES DE RÉSERVE DE L'ORGANISME

ET DE LEUR VALEUR

# DANS LA LUTTE DE L'ÉCONOMIE CONTRE LES MALADIES

Mesdames et Messieurs,

Si de toute une série de questions palpitantes de la pathologie générale j'ai choisi comme sujet de mon discours celle *des forces de réserve de l'organisme et de leur rôle dans la lutte de l'animal contre les maladies*, c'est que dans aucun autre sujet on ne peut tracer avec autant d'exactitude le tableau du progrès qu'ont fait la pathologie et la médecine contemporaines. Loin de moi l'idée de passer en revue le progrès de chacune des branches de la science médicale séparément. Cela n'entre pas dans mon sujet et aurait été du reste incompatible avec le temps restreint qui peut m'être réservé aujourd'hui. *Je tâcherai, dans mon aperçu, d'élucider à quelles considérations générales sur les maladies et leur traitement nous pouvons être amenés non par une seule branche quelconque de la médecine, mais par l'ensemble de nos connaissances actuelles sur les différentes branches de cette science.* Je me rapprocherai ainsi le plus, je crois, de la tâche qui m'incombe aujourd'hui, tâche qui consiste à prononcer un discours à la séance pleinière de clôture du Congrès russe de médecine, et qui satisfera, j'espère, l'attention dont m'honorent tant d'auditeurs respectés.

C'est un fait acquis qu'il existe dans l'organisme une réserve de forces latentes, c'est-à-dire une réserve d'énergie qui ne se manifeste qu'en cas de besoin urgent de l'économie. Dans les conditions normales de la vie, au cours d'un travail ordinaire ou moyen, nos organes ne fonctionnent jamais au maximum et ne mettent en action qu'une partie de l'énergie potentielle qui y est cachée. Le reste de l'énergie vitale reste à l'état latent, ne se manifestant par rien et constituant *les forces d'épargne ou de réserve. Le système musculaire et nerveux* sont les plus pourvus de ces forces de réserve. Qui ne connaît, en effet, des cas où un homme, fatigué déjà, est capable de déployer une force musculaire presque incroyable au moment d'un danger menaçant sa vie ou au cours d'une persécution ; des cas de force surhumaine que manifeste une mère malade et faible quand on lui enlève son enfant. Tout le monde sait qu'un élève, un savant, un écrivain, un publiciste, sont capables de déployer une activité cérébrale extraordinaire quand ils sont obligés de fournir dans un temps restreint un travail très important dont dépend tout leur avenir. Les exemples ne feront pas défaut, quiconque a aspiré à quelque chose, lutté pour atteindre un but, a rencontré des obstacles qu'il a pu surmonter, trouvera ces exemples dans sa propre existence. Exemples particulièrement fréquents dans la vie des combattants pour les idées, des savants et des hommes politiques éminents.

En général, *plus la différenciation du protoplasme est parfaite, plus ses propriétés fonctionnelles sont complexes, plus ce protoplasme conserve-t-il d'énergie qu'il ne dépense pas dans les conditions ordinaires de son activité, c'est-à-dire plus il lui reste de forces potentielles latentes.* C'est surtout le *système nerveux central* qui peut fournir le plus de preuves à l'appui de cette thèse. L'activité infatigable d'un savant, travaillant sans relâche pendant plusieurs jours quand il est entraîné par une nouvelle idée qui l'absorbe tout entier ; ou d'un poète inspiré par des images nouvelles créées par son imagination, — qu'est-ce, sinon la manifestation de cette énorme réserve d'énergie qu'ont accumulée les cellules nerveuses des centres psychiques, ces molécules de protoplasme le plus complexe et à différenciation la plus complète. Le fait que c'est précisément l'énergie de réserve que le protoplasme dépense dans des cas pareils, démontre bien que tout travail exagéré ne peut être continu sans interruption pendant longtemps et qu'il est suivi d'une fatigue excessive temporaire et d'une incapacité absolue au travail. C'est que les fonds de forces latentes, employées pour l'excitation du système nerveux, sont épuisés et que l'homme est tombé dans l'apathie, est devenu faible et qu'il lui faut un certain temps de repos pour que l'énergie latente s'accumule de nouveau. On peut se convaincre par *voie expérimentale* de la présence des forces latentes dans *des organes glandulaires et musculaires* entiers; ces faits peuvent surtout être démontrés pour le *cœur et les reins.* Il suffit, par exemple, de pratiquer une *insuffisance aortique artificielle, c'est-à-dire une des lésions dites organiques du cœur*, pour se convaincre combien vite, presque instantanément, la compensation de l'activité du cœur se montre, combien vite le ventricule gauche peut vaincre l'obstacle qui lui est créé. Il est évident qu'ici entre en action non seulement la force ordinaire du muscle cardiaque suffisante pour lancer l'onde sanguine normale; mais cette même énergie de réserve à laquelle le cœur a recours chaque fois que nous lui imposons un travail exagéré, que ce soit par suite d'une émotion morale vive ou par des exercices physiques tels que les ascensions de montagne, ou une course rapide, etc.

Il en est de même lorsque, après *l'extirpation d'un des reins*, celui qui reste remplit un travail double. Si dès le premier jour après l'opération la quantité d'urée éliminée ne diminue pas, ce résultat ne peut être atteint d'aucune autre façon que la mise en action de l'énergie de réserve toute prête des éléments glandulaires du second rein, énergie qui, dans les conditions normales de la vie, est restée à l'état latent. On ne pourrait expliquer ces deux faits autrement, à moins de ne supposer que dans un laps de temps aussi restreint que le sont quelques heures, naissent de nouveaux éléments musculaires ou glandulaires, ou du moins que les éléments préexistants augmentent de volume et s'hypertrophient; en d'autres termes que, pour développer une nouvelle force, une nouvelle matière soit créée si rapidement.

Or en réalité il n'en est pas ainsi : *les processus de régénération et d'édification demandent du temps et ne peuvent point se faire en quelques minutes ni en quelques heures*. Si le cœur, le rein et tous nos organes en général arrivent à avoir très vite, quelquefois même instantanément raison des obstacles imprévus qui se sont dressés devant eux, notre organisme sort parfois vainqueur d'une attaque si inattendue et à laquelle il n'a pas été préparé, c'est exclusivement grâce à l'énergie potentielle cachée dans tout ce qui vit, c'est grâce à l'abondance des forces de réserve toutes préparées qui se trouvent dans tout corps vivant.

Au point de vue de l'existence des forces de réserve toutes prêtes, il y a en général une *grande analogie entre l'organisme vivant et une machine quelconque* ; on peut même dire plus : il y a analogie entre l'organisme et une adaptation mécanique quelconque. Toute machine, tout objet employé en mécanique sont vérifiés pour une résistance maxima déterminée, pour une force de travail maxima défini, quoique dans les conditions ordinaires de travail on n'utilise qu'une partie de cette force. Il suffit, en effet, de se représenter une machine à vapeur quelconque, une chaudière, un robinet, un simple tube ou une chaîne enfin, pour se faire une idée de cette analogie. Cependant pour les *adaptations mécaniques* un tel maximum de capacité de travail est une quantité qui peut être mesurée et définie après vérificatian expérimentale de contrôle. Aussi suffit-il de déduire de cette quantité la force employée pendant un travail moyen pour connaître la quantité de force de réserve dépensée. *Un tel calcul n'est point applicable à l'organisme vivant*. Il est en effet impossible de déterminer la quantité maxima de la capacité de travail des tissus et organes vivants, on ne peut calculer d'avance la quantité de force latente que peut développer tel ou tel organe quand il sera mis dans des conditions exigeant la mise en activité de toute sa force vitale. Si une telle détermination a été faite, il est vrai, par des physiologistes pour un volume déterminé de tissu musculaire séparé de l'organisme ou pour de certains groupes musculaires, cette détermination devient impossible pour des organes entiers, pour des régions du corps, d'une part par défaut de moyens de cette mensuration, d'autre part par suite de l'inconstance excessive de la quantité à mesurer. Sans parler de ce que la capacité de travail des parties vivantes dépend d'une foule de conditions individuelles, cette capacité est en outre soumise à des oscillations dépendant du degré de l'excitabilité nerveuse, du plus ou moins grand afflux du sang, de la fatigue antérieure, etc.

Mais malgré tous ces faits, les exemples cités nous démontrent péremptoirement que *la matière vivante possède une force de réserve toute préparée et que dans les conditions ordinaires, pour ainsi dire idéales de l'existence, nos organes ne fonctionnent jamais au maximum*. Le maximum de capacité de fonctionnement ne se dévoile que dans les cas où l'on impose à nos organes un travail exagéré, quand ils sont sortis de l'état idéal, tranquille, imperturbable de leur existence. Cette déséquilibration de la vie normale s'observe très fréquemment à des degrés variables. Aussi est-il tout naturel que la demande de forces de réserve soit constante, que notre organisme ne puisse s'en passer même à l'état de ce qu'il est convenu d'appeler la santé et que, par conséquent, l'existence dans la matière vivante de l'énergie potentielle, soit une des expressions de la sélection naturelle et de l'adaptation de l'être vivant aux conditions extérieures de la vie.

*La déséquilibration de la vie normale peut être de nature et de degré divers*, en commençant par des modifications passagères et très peu importantes et finissant par des troubles stables et essentiels de nos tissus et organes. Dans le *premier* cas, c'est-à-dire quand l'écart de la normale de la vie est de courte durée, et reste encore dans les limites assez extensibles de l'état physiologique ; ou dans les conditions anormales qui, sans provoquer des lésions stables des organes, créent seulement des obstacles temporaires au fonctionnement de l'organisme, *les forces de réserve sont parfaitement suffisantes* et l'organisme les utilise pour vaincre ces obstacles si inopinément créés. Chacun de nos organes a souvent à lutter contre de tels obstacles, et à développer une activité exagérée. *La révélation de cette force latente ne s'accompagne d'aucune modification durable de l'organe qui fonctionne et ne laisse comme trace qu'une fatigue temporaire.* Ainsi par exemple, une fatigue du cœur survient après des palpitations violentes provoquées par une cause quelconque; de même, nous ressentons une fatigue intellectuelle après une émotion psychique violente ou un travail cérébral exagéré. C'est pour la même raison que nous observons une dépression passagère des fonctions motrices et digestives de l'estomac et de l'intestin succédant à leur surcharge par des aliments ou à un péristaltisme exagéré. Toutefois, *tant que les organes se trouvent dans les limites de la normale, c'est-à-dire tant que les conditions extérieures n'ont pas provoqué dans l'organisme de lésions morphologiques ou fonctionnelles prolongées*, tant que ces conditions n'ont pas créé d'obstacles trop grand au fonctionnement des tissus vivants, le travail exagéré de ces organes et la manifestation de leurs forces de réserve ne s'accompagnent pas de lésions définitives des tissus.

*Il en est tout autrement quand il s'agit d'écarts de la normale* de longue durée ou des effets extérieurs qui produisent, quoique passagers, des altérations anatomiques des tissus ou qui opposent aux tissus vivants une résistance énorme. Les troubles fonctionnels qui se montrent alors méritent déjà, dans un grand nombre de cas, le nom de pathologiques, morbides et ne peuvent être effacés ou corrigés que si la partie lésée se met à travailler avec une très grande énergie, ou si l'organe malade est remplacé par un autre à fonction similaire. Dans l'un et l'autre cas cependant, les forces de réserve sont toutes prêtes pour l'exécution d'un travail ininterrompu exagéré, double et parfois même triple ; *un développement de forces nouvelles est indispensable, par conséquent il est indispensable qu'une nouvelle matière vivante se développe*, sans quoi il n'est plus possible de remédier aux troubles pratiqués par la maladie.

*L'accroissement de la nouvelle matière vivante et le fonctionnement intensif et interrompu pendant un certain temps* de certaines parties du corps destiné à vaincre les obstacles anormaux créés par la maladie, ne sont en réalité rien autre que *le résultat d'une propriété remarquable de la matière vivante, propriété qui ne se répète nulle part et qui consiste dans la faculté d'adaptation de l'être vivant aux nouvelles conditions de l'existence ayant toujours le but de l'auto-défense.*

Comme les forces nouvelles qui se développent dans ces conditions n'existent pas à l'état normal et naissent seulement en cas de besoin absolu, elles méritent aussi le nom de *forces de réserve* quoique se distinguant par leur essence même des *forces de réserve toutes préparées* déjà étudiées. Là nous avions affaire à une réelle épargne de force, à une économisation d'énergie, sans augmentation de la masse de la substance, c'est-à-dire à un phénomène qui a son analogie en mécanique. Tandis qu'ici entre en scène une faculté *propre à l'organisme vivant seul : l'accroissement rationnel de nouvelles masses de matière et le développement de nouvelles forces*. Le nom de force de *réserve* ne convient pas, il est vrai, au sens strict du mot, à ces forces nouvelles ; néanmoins le terme de *réserve* ne leur est pas étranger, ne serait-ce que pour ce fait qu'elles naissent et ne se manifestent qu'en cas de *besoin extrême* provoqué par la maladie et et qu'elles ne se développent que grâce à la propriété spéciale du protoplasme vivant d'accumuler une *grande quantité d'énergie potentielle.* De la rapidité et du degré d'accroissement de ces forces, dépend, dans la grande majorité des cas, l'issue favorable de la lutte de l'économie contre la maladie, c'est-à-dire la possibilité pour chaque organe de vaincre les obstacles créés par la maladie. C'est ainsi que le cœur d'un sujet fort bien nourri développe des forces nouvelles lorsqu'il est atteint d'une lésion organique, il augmente de dimensions et arrive tant et si bien à vaincre la stase sanguine que parfois nous ne doutons même pas que nous avons devant nous un homme atteint d'une insuffisance valvulaire ou d'un rétrécissement orificiel. Par contre, dans un organisme dont la faculté de créer de nouvelles masses de matière albuminoïde vivante est affaiblie et la faculté de production de forces nouvelles déprimée pour une cause ou pour une autre, le cœur malade n'est pas en état d'avoir aussi bien et pour un temps aussi long raison des stases sanguines ; il en résulte ce qu'on appelle les troubles de compensation, c'est-à-dire toute une série de troubles circulatoires dont les œdèmes et l'ascite ne sont que le triste acte final.

*Les mêmes phénomènes qu'on observe dans la vie du peuple tout entier* et que tout le monde connaît si bien se répètent en général dans chaque individu pris isolément. Dans un pays riche, possédant une organisation rationnelle de toutes les parties de la vie sociale et politique, on met en activité en cas de guerre non seulement les forces de réserve déjà prêtes, mais on envoie aussi au théâtre de la guerre, au fur et à mesure, des cadres de réserves nouvellement formées. De même aussi dans un organisme résistant, non affaibli, la réaction contre les lésions produites par la maladie se traduit par toute une série de forces nouvelles qui se développent au fur et à mesure des besoins de l'économie. Ces forces de défense qui sauvent l'organisme peuvent être nommées force d'épargne. *Le fait de la non existence de ces forces à l'état normal ne peut pas servir d'argument contre l'hypothèse qu'il s'agit là de forces de réserve.* Et en effet, non seulement on complète pendant la guerre les bataillons et les régiments par des soldats de réserve appelés sous les armes, mais on en forme de nouveaux cadres qui n'existaient pas en temps de paix, on organise des milices composées d'hommes qui antérieurement ne se trouvaient même pas dans les cadres de réserve et qui ne présentent d'aucune façon une force de guerre toute préparée. Les *mêmes faits s'observent séparément, dans chaque organisme vivant : en dehors des forces de réserve toutes préparées qui se trouvent à l'état latent dans chacune des molécules de son protoplasme, l'organisme possède la propriété de créer de nouvelles masses de matière vivante, et de développer des forces nouvelles qui,* par opposition aux forces de réserve *toutes préparées*, méritent le nom de forces de réserve *nouvellement formées.*

*La capacité de s'adapter aux nouvelles conditions de l'existence et le développement rationnel des forces nouvelles est une propriété qui appartient à la matière vivante seule et qui ne s'observe nulle part ailleurs.* On compare généralement l'organisme animal à un mécanisme complexe et parfait, pourvu d'auto-régulateurs et de distributeurs sensibles des forces. Les fonctions vitales sont considérées comme la manifestation des forces physico-chimiques agissant dans ce mécanisme. Une telle conception mécanique de la vie semblait tout récemment encore être la solution la plus brillante d'un des problèmes les plus difficiles, le problème de la vie, et a créé une série d'entraînements en faveur de la théorie mécanique de la conception de la vie, entrainements très tristes par leurs vastes conséquences. Cette conception est basée sur une analogie grossière et sur la confusion de la cause provocatrice et le fond même du phénomène avec le moyen de le produire ou de le manifester. Déjà Virchow et Claude Bernard ont, vers 1860, énergiquement protesté contre cette funeste confusion des conceptions. Les représentants éminents de la science, dont notre époque est si riche, s'élèvent énergiquement et avec des preuves indubitables à l'appui, contre cette conception mécanique absolue des processus biologiques et les idées *du néovitalisme* acquièrent un nombre de plus en plus grand d'adeptes.

En effet, si les fonctions vitales s'accomplissent suivant les lois de la mécanique, de la physique et de la chimie, cela ne prouve pas encore que la vie dans son ensemble ne soit simplement qu'un mécanisme parfait. *Le mystère de l'engendrement de la vie est resté sans réponse de la part de la science. L'adaptation rationnelle qui est la propriété essentielle de tout ce qui vit ne trouve pas d'analogie parmi les phénomènes mécaniques et chimiques.* Cette propriété se traduisant sous forme de ce que nous appelons *la volonté ou la force vitale*, n'est pas seulement une réaction de la matière contre l'influence du monde extérieur ; non, cette propriété est autonome jusqu'à une certaine limite. Une fois créée dans l'univers, en cet état de la matière qu'on appelle la vie, cette matière se continue par succession, indéfiniment et toujours, dans toute une série de nouvelles combinaisons et de formes variées. L'hérédité, la contractilité, la prolifération, la régénération, les propriétés fonctionnelles commençant par l'élimination de divers ferments et finissant par le travail psychique le plus élevé, *tous ces phénomènes ne sont en réalité que les résultantes d'une seule propriété fondamentale de la matière vivante, le pouvoir d'adaptation ou la volonté.* C'est grâce à cette propriété que le protoplasma vivant, nos tissus et nos organes ont acquis la faculté non seulement de mettre en action, en cas de besoin, les forces de réserve toutes préparées qui s'y trouvent à l'état latent, mais même de créer des forces nouvellement formées.

Revenant à notre sujet principal, nous voyons qu'*il faut reconnaître dans l'organisme vivant l'existence d'une double série de forces de réserve : les unes déjà toutes prêtes, les autres qui sont en train de se former, de se développer.* La manifestation *des premières* ne s'accompagne pas d'augmentation de volume de la substance et a lieu pendant les efforts de courte durée des organes isolés, efforts qui ne sortent pas encore du cadre d'un état physiologique normal. Par contre, la manifestation des forces du *second ordre* coïncide ou plutôt est précédée par l'accroissement des nouvelles masses du protoplasma vivant, c'est-à-dire par ce qu'on appelle en médecine *hypertrophie ou hyperplasie.* Un tel accroissement de la matière et de la force est toujours occasionné par un travail exagéré des tissus, travail provoqué soit par des excitations prolongées et intensives, soit par la nécessité de vaincre des obstacles anormalement exagérés. *Les excitations d'un faible degré* ou bien le fonctionnement durable mais uniforme du protoplasme ne s'accompagnant pas d'afflux exagéré de sang, *n'amène jamais l'accroissement de la matière nouvelle et le développement des forces nouvellement formées.* A cet effet, suffisent les forces qui agissent d'habitude, ou à la rigueur les forces nouvelles toutes préparées. Cette considération devient surtout évidente et se confirme quand on considère une partie du corps comme la paume et la main tout entière, *d'une part* chez le scribe, le peintre, l'écrivain, le musicien, c'est-à-dire chez des sujets qui font agir un certain groupe de muscles d'une façon continue, mais régulièrement et sans trop d'efforts ; et *d'autre part*, chez le serrurier, le forgeron, le menuisier, chez le dentiste chinois, et en général chez ceux qui font de grands efforts avec les muscles de la paume de la main et des doigts et qui sont toujours obligés d'opposer leur force musculaire à de grandes résistances.

Dans le *premier cas* un travail musculaire continu n'a pas amené d'accroissement, d'hypertrophie des muscles, et tout le monde sait fort bien que les muscles de la paume de la main d'un peintre, d'un écrivain et même d'un scribe écrivant toute la journée, ne sont ni plus épais ni plus volumineux que ceux des autres personnes. Dans le *second cas*, au contraire, déjà au bout de six mois ou un an apparaît une augmentation notable de toutes les dimensions de la paume et un épaississement des faisceaux musculaires aussi bien de la main que des doigts isolés.

De tout ce qui précède, il résulte d'une façon toute évidente *que la possibilité de la manifestation des forces nouvellement développées est inévitablement provoquée par l'accroissement de la matière vivante, tandis que la manifestation des forces de réserve déjà préparées est indépendante de ce phénomène vital.* Cette thèse biologique doit servir de base à nos considérations ultérieures.

Voyons maintenant de quelle façon et *sous quelle forme se traduisent les forces de réserve de l'organisme pendant la maladie et comment s'obtient la guérison grâce à ces forces latentes.*

Je ne veux pas entrer ici dans tous les détails de la pathologie et je ne fatiguerai pas votre attention par une longue description des modifications qui se produisent dans l'organisme animal au cours de diverses maladies, c'est-à-dire sous l'influence de toutes sortes d'agents nocifs venus de l'extérieur. *Je prendrai comme point de départ* de mon aperçu *une autre propriété fondamentale du protoplasme vivant :* la *tendance à la conservation de la vie,* c'est-à-dire à la conservation de cet arrangement d'atomes *dans les molécules d'albuminoïdes qui constituent la condition essentielle de l'état vivant de l'albumine.* Chaque cellule vivante, chaque parcelle de cellule vivante, est capable de lutter dans une certaine mesure pour la défense de sa constitution, c'est-à-dire pour sa vie. Seuls les agents qui agissent très énergiquement [illegible] la vie d'un corps, c'est-à-dire [illegible] [illegible] dans la [illegible] albu- [illegible]

[illegible] dans les albuminoïdes d'un grand nombre de groupes instables d'aldéhydes et amidogènes $AzH^2$, c'est-à-dire de groupes possédant une très grande mobilité atomique. C'est cette mobilité qui se manifeste sous forme de forces vives. Très probablement le mouvement de ces groupes atomiques instables est autrement accéléré sous l'influence d'une température dépassant 44 à 45° C., ou sous l'influence de diverses conditions anormales (poisons du protoplasma, etc.); ces groupes intensité ne font *qu'altérer momentanément* l'échange normal des matériaux et les fonctions de l'organisme vivant, sans produire le déplacement des atomes qui provoque la mort. Cette altération, localisée dans un organe quelconque ou étendue à plusieurs organes et même au corps tout entier pendant que la respiration et les contractions cardiaques continuent, n'est en réalité autre chose que *la maladie.*

Dans l'analyse de n'importe quel processus pathologique nous distinguons deux groupes de phénomènes : *passifs* et *actifs. Les phénomènes passifs* se composent des modifications dégénératives des groupes cellulaires isolés et de l'altération graduelle ou rapide du processus vital qui les amène. Le second groupe sert à manifester la tendance irrésistible mentionnée plus haut de l'organisme vivant à continuer sa vie ; et c'est ainsi que les parties vivantes et les cellules non touchées tâchent en quelque sorte par leur suractivité à combler les lacunes que la maladie a provoquées dans le fonctionnement des organes. *Cette exagération de la fonction ou manifestation d'une force nouvellement créée constitue le degré de la réaction salutaire du protoplasme vivant et de tout l'organisme contre l'agent nocif et contre les lésions qu'il a produites.* Mais d'après la thèse bio- [illegible] [illegible] [illegible] *vivante.* Et en effet, quel que soit l'exemple que nous choisissions dans le groupe des phénomènes actifs au cours d'une maladie, *toujours nous voyons que l'exagération des fonctions des organes destinée à corriger les défauts qui ont été*

disparaissent et à leur place naît un corps stable qui est la matière albuminoïde morte ou passive.

*produits par la maladie s'accompagne d'une accentuation de la prolifération du protoplasme, d'un accroissement en nombre et en volume.*

Ainsi donc *dans des groupes cellulaires isolés, dans des points divers de l'organisme s'accentue l'assimilation des matériaux nutritifs, il se fait un travail d'édification énergique ; de nouvelles masses de matière vivante s'accroissent et de nouvelles forces salutaires pour l'organisme se développent.* Au cours d'une guerre qui s'allume entre deux nations, on forme constamment de nouveaux bataillons et des régiments de réserve et de nouvelles forces sont dirigées vers les champs de bataille. *De même que l'issue favorable de la lutte dépend de la rapidité de la formation des nouveaux cadres, du degré de l'auto-défense à laquelle la nation est capable, de même que la possibilité de se relever de la dévastation, au cas de défaite, dépend de la richesse économique du pays, de la vitalité du peuple, du développement de nouvelles branches de l'économie rurale, du relèvement de l'industrie et du commerce ; de même dans chaque individu vivant l'issue favorable de la maladie, le retour à la santé ou la guérison dépend de la vitalité des groupes cellulaires isolés, de leur effet réactif contre l'agent pathogène, c'est-à-dire de leur capacité à l'accroissement, à la création de nouvelles molécules d'albuminoïde organisé et au développement de nouvelles forces de réserve qui n'existaient pas à l'état normal.* Il serait oiseux de citer des exemples concrets pour confirmer ce qui vient d'être dit ; l'histoire universelle en est aussi riche que la médecine clinique et expérimentale.

Cependant *tout homme tombé malade ne guérit pas ;* les défections provoquées par la maladie ne sont pas toujours corrigées et compensées. Il reste parfois des lésions indélébiles sous forme de processus chroniques des déformations, d'insuffisance d'organes isolés ou sous des formes diverses d'épuisement. Si ces faits se produisent, *deux causes peuvent être invoquées* : soit par suite de l'étendue excessive des lésions, soit par le peu d'énergie et l'insuffisance de développement de la faculté créatrice active du protoplasme de ces sujets. L'incapacité de certains organismes d'avoir raison des affections telles que la pneumonie lobaire aiguë, la fièvre typhoïde, le typhus exanthématique et beaucoup d'autres maladies infectieuses contre lesquelles d'autres réagissent avec succès, cette incapacité doit être expliquée dans beaucoup de cas par l'absence d'effets actifs de la part de la matière vivante, par l'insuffisance de capacité d'adaptation du protoplasme et de tout l'organisme aux nouvelles conditions de vie que lui a créées la maladie.

*Chez les uns*, cette diminution de tout le tonus vital est due aux conditions défavorables de leur existence propre, aux mauvaises conditions hygiéniques de leur vie; en d'autres termes, l'insuffisance de leurs réactions actives au cours de la maladie réside dans leur propre ontogenèse qui débute déjà dès la conception et qui dure chez eux pendant toute la vie intra et extra-utérine. Les différentes formes d'inanition et d'épuisement, le surmenage fréquent, les excès in Baccho et in Venere et toute une série de perversions de tout le régime de la vie dont notre existence actuelle est, hélas ! si riche. tout cela ronge les forces vitales, affaiblit la faculté d'auto-défense propre à tout être vivant, la stabilité, la faculté d'accroissement de la nouvelle matière et des nouvelles forces, c'est-à-dire *altère cette propriété de l'organisme dans laquelle réside le gage principal de la guérison.*

*Les autres*, au contraire, ne sont pas responsables de la faiblesse réactionnelle de leur force vitale ; ils naissent avec cette faiblesse, leur individualité est éclose à l'état débile ; ils viennent au monde portant en eux les stigmates de dégénérescence de tout l'organisme ou d'une de ces parties constituant un des anneaux de la chaîne infinie de la vie, ils sont la victime de la loi de succession et d'hérédité : s'ils cèdent facilement à la maladie, s'ils ne luttent pas contre elle, s'ils manifestent peu d'énergie dans le développement des forces nouvelles, il faut en accuser leurs aïeux dont ils supportent les péchés qu'ils sont obligés de racheter.

*Le fait une fois établi que la guérison de la plupart des maladies n'est possible qu'à condition d'accroissement de nouvelles masses de matières vivantes et de la manifestation des forces nouvelles*, il ne me reste qu'à *passer sommairement en revue générale*, les formes sous lesquelles se traduisent les forces de réserve nouvellement formées.

Tout le vaste groupe de processus actifs salutaires pour l'organisme qui y apparaissent au cours d'une affection quelconque et qui sont la manifestation de la réaction des tissus vivants contre l'agent pathogène, n'est en somme composé que de *deux ordres de phénomènes : d'une part* des phénomènes de *reviviscence avec hypertrophie compensatrice ou vicariante des cellules et des organes, d'autre part* de phénomènes de *réaction inflammatoire*. Quand on examine les phénomènes du *premier groupe* on est stupéfait du volume énorme que peuvent acquérir les organes musculaires et glanduleux quand ils se trouvent dans la nécessité de fournir un travail exagéré pour vaincre un obstacle créé par la maladie ou pour éviter de nouvelles irritations anormales pour eux. Je me souviens par exemple des cas d'*hypertrophie énorme* du cœur qui atteignait le volume d'un *cœur de bœuf*, cas qu'on observe dans la guérison relative des affections cardiaques. Au lieu de deux cent cinquante à trois cents grammes, que pèse normalement un cœur humain, cet organe peut atteindre, en cas d'hypertrophie, mille deux cents et même deux mille grammes, c'est-à-dire augmenter cinq ou six fois de volume et plus. Ce qui est surtout remarquable dans ces cas, c'est que la faculté créatrice de telles masses énormes de nouvelle matière vivante et précisément du muscle cardiaque, faculté qui garantit à l'organisme la possibilité d'une longue existence compatible avec une lésion cardiaque organique du cœur, n'est pas du tout un *phénomène obligatoire*. Chez un sujet épuisé par des affections antérieures, chez des individus qui ne possèdent qu'à un faible degré des propriétés créatrices du protoplasme, l'hypertrophie compensatrice du cœur peut ne pas se développer consécutivement à une lésion organique de cet organe à un degré suffisant: en d'autres termes, un tel malade n'aura pas raison des obstacles créés par la maladie et il n'en aura pas raison exclusivement par ce fait que la faculté formatrice de son organisme est peu développée et que chez lui les forces de réserve nécessaires pour la lutte contre la maladie ne peuvent être créées à un degré suffisant.

La faculté d'hypertrophie et d'accroissemest de la matière vivante, hypertrophie compensante et en même temps salutaire pour l'organisme, est encore plus nettement accusée dans les viscères pairs et surtout dans ceux qui sont absolument indispensables à la vie de l'individu, c'est-à-dire les reins. Sans eux, c'est-à-dire sans les organes qui éliminent du sang tous les déchets et tous les produits d'échange, l'organisme ne peut pas vivre. Or que voyons-nous ? La lésion ou l'ablation d'un rein amène une hypertrophie progressive de l'autre rein, laissé en place, hypertrophie qui peut atteindre des dimensions énormes. En d'autres termes, l'exagération prolongée de la fonction ne peut avoir lieu sans formation de nouvelle matière.

*La faculté de l'hypertrophie compensatrice d'un organe au cours de la lésion de l'autre* n'appartient pas seulement aux organes pairs comme le sont par exemple les reins, les glandes salivaires, les poumons, *mais aussi aux organes multiples impairs pourvu que ces organes soient similaires par leur embryogénie et leurs fonctions.* Grâce à l'arrangement colonial de chaque organisme et au principe de division de travail qui est la base de la vie d'un être multicellulaire, les organes et parties du corps ayant une fonction similaire servent au même but ; aussi se remplacent-ils tout naturellement et se compensent-ils les uns les autres. La pathologie a réuni toute une *série d'exemples instructifs de cette hypertrophie compensatrice des organes similaires.* Il suffit de se rappeler *le développement de nouveaux ganglions lymphatiques et d'amas de tissu adénoïde* dans le mésentère et l'épiploon qu'on observe après la splénectomie, ou bien l'*hypertrophie de la partie glandulaire du corps pituitaire* qui suit l'ablation ou la lésion de la glande thyroïde, ou bien enfin l'*hypertrophie de certains lobes du foie* quand les autres lobes sont enlevés ou lésés. Dans tous ces cas nous avons affaire à un seul et même phénomène : la manifestation de nouvelles forces de réserve et d'une énergie potentielle énorme des groupes cellulaires isolés qui mènent à la réparation des lésions et des défauts développés dans l'organisme sous l'influence de la maladie.

M. von Meister a fait récemment dans mon laboratoire des *recherches sur le foie* qui sont la continuation avec plus ample développement des expériences faites il y a trois ans par Ponfick et qui ont fait alors tant de bruit dans le monde savant. Les résultats de ces expériences constituent la preuve la plus évidente du degré remarquable que peut atteindre l'énergie potentielle des cellules lorsque les cellules voisines, de fonction analogue, ont péri par suite de maladie et lorsque l'absence de ces éléments dans l'économie met la vie de l'individu en danger. Il résulte de ces expériences qu'on peut enlever les trois quarts du foie, et même les sept-huitièmes de l'organe; et la petite parcelle de tissu hépatique qui reste s'accroît rapidement pour former un foie nouveau de poids égal au poids primitif de la glande.

De tous les processus pathologiques, *nulle part l'utilité et le rôle salutaire pour l'organisme de l'énergie potentielle et de réserve que possède la matière vivante ne se manifeste à un tel degré, nulle part l'accroissement du protoplasme nouveau et des nouvelles cellules ne se présente comme phénomène aussi rationnel que dans l'inflammation aiguë*. Grâce aux travaux remarquables de Metschnikoff sur l'inflammation, ce processus, un des plus répandus et appartenant à des phénomènes les plus populaires — passez-moi l'expression — de l'organisme vivant, est actuellement élucidé dans son fond même. Dans le processus inflammatoire aigu, nous avons affaire à *l'expression nette et bruyante de la faculté d'auto-défense de la matière vivante.* L'afflux du sang au point lésé, la migration des leucocytes hors des vaisseaux, se dirigeant vers le foyer où se trouve l'agent de l'inflammation; la phagocytose par les jeunes cellules vivaces des microbes provoquant l'inflammation et l'élimination à l'aide de ces cellules, du foyer morbide de toutes les particules inutiles qui, comme le gravois, encombrent les fentes des tissus, enfin le développement et la multiplication des cellules connectives qui, à l'état normal, sont excessivement petites et se trouvent pour ainsi dire à l'état de sommeil; *en un mot, tout l'ensemble des phénomènes progressifs néoformatifs qu'on observe au cours de l'inflammation, — tout ça qu'est-ce sinon l'expression de la quantité considérable d'énergie potentielle qui se trouve à l'état latent dans l'organisme vivant, dans la matière vivante?* Et combien connaît-on de cas où l'insuffisance de la manifestation de ces forces de réserve et le peu d'énergie de la réaction inflammatoire ruinent l'organisme, ne lui permettent pas de revenir à l'état de santé et de se débarrasser de l'agent pathogène! Il suffit, à cet effet, de se souvenir des maladies infectieuses comme, par exemple, l'érysipèle, la pneumonie, des processus pathologiques tels que les ulcères chroniques incicatrisables, etc., etc.

La leucocytose inflammatoire générale, le développement des bourgeons charnus, de cellules géantes énormes, tout cela ne constitue-t-il pas des exemples frappants d'accroissement local et général de la matière vivante nouvelle, dans le but de développement de nouvelles forces, indispensables pour la lutte avec la maladie.

Messieurs, l'heure avance, et je ne peux vous donner d'autres exemples pris dans le domaine de la pathologie qui auraient confirmé de la façon la plus démonstrative la thèse soutenue plus haut que, *dans la majorité d'affections provoquées par l'imprégnation des agents pathogènes, le retour de l'organisme à l'état de santé est dû à l'accroissement de nouvelles masses de matière vivante et au développement de forces de réserve nou-*

*velles*. L'un et l'autre ne sont que l'expression de la faculté d'adaptation rationnelle propre au protoplasme. *Les défauts, les privations, les pertes qu'éprouvent certaines parties de l'organisme au cours de la maladie, semblent stimuler la suractivité des autres parties* non lésées et bien nourries, *suractivité salutaire pour toute l'économie*. L'hypertrophie compensatrice d'un rein, en cas de lésion de l'autre, le travail exagéré d'un lobe pulmonaire quand les autres sont atteints de processus tuberculeux, l'épaississement du muscle cardiaque dans l'altération valvulaire, l'hyperhémie collatérale et la formation d'un réseau nouveau de vaisseaux sanguins dans l'oblitération du tronc artériel ou veineux principal de la région, l'augmentation dans le sang et dans les fentes lymphatiques des masses de nouvelles cellules dans l'inflammation, etc., etc., qu'est-ce au demeurant sinon l'*altruisme* entre les différents groupes cellulaires, c'est-à-dire la prospérité des uns suivie de l'amélioration de l'existence des autres.

Mais tandis que dans les *groupes humains* il est convenu de considérer le *sens moral* comme motif de la façon d'agir des altruistes, ce sont dans la plupart des cas des facteurs *mécaniques et chimiques* qui donnent l'impulsion à l'altruisme dans les *groupes cellulaires*. Le fonctionnement intensif et l'accroissement des cellules sont dus soit à l'accentuation réelle ou à l'élévation de la tension sanguine, soit à l'afflux du sang, soit enfin à l'irritation du protoplasme par les produits d'échange accumulés dans le sang. Sous l'influence de ces facteurs, le protoplasme s'adapte aux nouvelles conditions d'une façon utile pour tout l'organisme et augmente inconsciemment, involontairement de volume en dégageant une série de forces nouvelles. *N'est-ce pas cela que nous rencontrons dans les sociétés humaines? N'avons-nous pas le droit d'admettre que la source première de l'altruisme chez l'homme consiste aussi dans la réaction involontaire de tout être vivant contre des facteurs tels que la misère, la souffrance des autres?* Dans les deux cas, en effet, c'est-à-dire parmi les cellules dans l'organisme et parmi les hommes dans la société, *l'altruisme est un phénomène inévitable, une conséquence fatale de la propriété fondamentale de la matière vivante qui consiste dans l'adaptation aux conditions ambiantes du milieu extérieur et dans la réaction contre ces conditions dans une direction utile à l'existence privée et publique. In microcosmo,* l'altruisme se manifeste par toute une série de phénomènes progressifs, utiles et rationnels pour chaque individu pris séparément comme, par exemple, la régénérescence, l'hypertrophie compensatrice des organes, la leucocytose inflammatoire, etc. *In macrocosmo,* cet altruisme se traduit par des formes les plus variables des secours mutuels et de bienfaisance publique. De même que dans le *premier* cas, l'incapacité et l'insuffisance de la réaction active des tissus vivants contre l'effet et la destruction que produit sur l'organisme la maladie font preuve de débilité héréditaire ou acquise, d'insuffisance de développement et, en général, d'anomalie des tissus; de même dans le *second* cas, c'est-à-dire *dans la société humaine, l'absence d'altruisme, l'insuffisance du secours de la part de l'homme rassasié à l'homme affamé, la suffisance de l'existence ne répondant pas assez aux souffrances et à la misère, sont l'expression de la dégénérescence et de l'arrêt de développement du principe de la vie en général et de cette fonction de la matière vivante qu'on a l'habitude d'appeler « sens moral » en particulier.*

Messieurs, je considère mon sujet comme épuisé dans les limites du lieu et du temps et je me permets de croire que vous vous êtes pénétrés de la conviction *que le gage de retour à la santé d'une maladie, que le succès de la lutte avec cette dernière réside avant tout et surtout dans cette énergie potentielle qu'est capable de développer tout être vivant quelque grand ou petit qu'il soit.* J'aurais tranquillement quitté cette place considérant ma tâche comme accomplie n'était ce sentiment de crainte qui se glisse involontairement dans mon cœur, car, en voyant devant moi, dans ce vaste local, d'une part, vos invités auxquels la médecine n'est pas spécialement familière mais qui la respectent toutefois, et, d'autre part, mes nombreux collègues, je crains que les thèses fondamentales que j'ai soutenues dans ma causerie ne fassent naître des doutes sur l'utilité de la science médicale chez les uns de mes auditeurs, une protestation involontaire contre la diminution de la haute mission du médecin chez les autres. En effet, comme conclusion de notre causerie, la question suivante surgit d'elle-même :

Si le retour à la santé après une maladie est dû à l'intensité de la réaction active des tissus contre la cause de la maladie, avec manifestation de l'énergie potentielle qui se trouvait dans le protoplasme à l'état latent, en d'autres termes, *si la matière vivante a la tendance à l'auto-guérison naturelle, quel est alors le rôle qui incombe à l'intervention médicale dans la lutte avec l'affection, quel est le rôle de l'hygiène, de la thérapeutique, c'est à-dire le rôle de la science médicale et du médecin?* Je crois ne pas me tromper en disant que déjà notre père en médecine, le grand Hippocrate a donné, en des termes généraux, une réponse exacte à cette question. Il dit, en effet, dans un de ses ouvrages, que *la nature est une grande médicatrice et nous ne pouvons contribuer à la guérison des affections qu'en aidant à ses forces curatrices.*

Bien entendu, ces grandes paroles ne pouvaient pas être basées sur des données et des faits précis; elles ne sont que l'expression d'un esprit fin et observateur d'un homme de génie. *Vis medicatri naturæ,* cette force auto-guérissante de la nature qu'Hippocrate sentait vaguement et même mystiquement et que les mécaniciens et les alchimistes du moyen âge ont voulu nier, comme le veulent aussi les matérialistes actuels, *cette force existe réellement et on a pu la concevoir. Elle est la résultante de la propriété fondamentale de tout ce qui vit, et précisément de l'adaptation et de la tendance à la conservation d'un mouvement une fois acquis.* La nature elle-même doit, en effet, être notre guide *dans la lutte* avec les maladies, cette nature avec sa tendance inconsciente à un travail d'édification, au remplacement des parties altérées par de nouvelles, à l'élimination de tout élément irritant et nocif.

[illegible]

[illegible] quantité énorme des substances médicamenteuses proposées aux différentes époques pour le traitement des affections ne sont restées inviolables et n'ont pris racine que celles d'entre elles dont l'action consiste à aider le processus de la nature, à renforcer les fonctions naturelles, à affermir les forces de défense et de réserve affaiblies de l'organisme, à éliminer ou à détruire les agents pathogènes qui ont pénétré dans l'économie et enfin à diminuer l'excitabilité de certaines parties du corps travaillant d'une façon exagérée au détriment des autres. *Comprendre et connaître dans tous ses détails le mode d'action auto-curateur de la matière vivante, choisir de l'effectif de nos moyens ceux d'entre eux qui paraissaient le mieux à chaque cas particulier pour aider aux forces de la nature affaiblies par la maladie, défendre l'organisme à temps contre les agents pathogènes ou éloigner à temps par une main de maître une partie lésée et inutile pour l'organisme vivant,* tout cela n'est possible que pour celui qui s'est consacré à l'étude des phénomènes complexes de la vie à l'état de santé et de maladie, pour ce *prêtre de la science dont le titre est médecin*, qu'il soit hygiéniste, chirurgien, thérapeute ou accoucheur.

La guérison est due à la nature, il est vrai, de même que les mouvements d'un vaisseau s'effectuent grâce au vent, au courant du fleuve ou à la force de la vapeur. *Mais dans les deux cas un pilote est nécessaire, une main secourante, prévoyante et dirigeante, et c'est le médecin qui se trouve être cette main providentielle* [illegible]

[illegible]

[illegible]

*le médecin risque très souvent sa santé et sa vie, se heurte, avec le vaisseau qui lui est confié, à des écueils inattendus, si à cause ce cela il devient la victime du jugement injuste de quelques individus, et même parfois des emportements sauvages des foules, qu'il conserve du moins cette consolation qu'il est, plus que tout autre, membre de la société, l'ami et l'auxiliaire de la nature, que c'est à lui qu'on a confié le droit suprême de sauvegarder la vie, ce phénomène le plus merveilleux et le plus parfait de l'univers.*

HAVRE. — IMPRIMERIE DU COMMERCE, 3, RUE DE LA BOURSE

www.ingramcontent.com/pod-product-compliance
Ingram Content Group UK Ltd.
Pitfield, Milton Keynes, MK11 3LW, UK
UKHW022200190726
13855UKWH00004B/1557